尖端技术 STEM

孩子一看就懂的尖端技术

3D打印

[美]凯伦·勒珍娜·肯妮 著
周晞雯　孙宁玥 译

陕西新华出版传媒集团
陕西科学技术出版社
Shaanxi Science and Technology Press

著作权合同登记号：25-2019-079

图书在版编目(CIP)数据

孩子一看就懂的尖端技术. 3D打印/（美）凯伦·勒珍妮·肯妮著；周晞雯，孙宁玥译. —西安：陕西科学技术出版社，2019.6
书名原文：Cutting-Edge: 3D Printing
ISBN 978-7-5369-7564-4

Ⅰ. ①孩… Ⅱ. ①凯… ②周… ③孙… Ⅲ. ①科学技术—少儿读物 ②立体印刷—印刷术—少儿读物 Ⅳ. ①N49 ②TS853-49

中国版本图书馆CIP数据核字（2019）第111753号

孩子一看就懂的尖端技术·3D打印
HAIZI YIKANJIUDONG DE JIANDUAN JISHU 3D DAYIN
[美] 凯伦·勒珍妮·肯妮著 周晞雯，孙宁玥译

策　　划 周晞雯　齐永平
责任编辑 王彦龙
封面设计 诗风文化

出 版 者 陕西新华出版传媒集团　陕西科学技术出版社
西安市曲江新区登高路1388号　陕西新华出版传媒产业大厦B座
电话（029）81205187　传真（029）81205055　邮编 710061
发 行 者 陕西新华出版传媒集团　陕西科学技术出版社
电话（029）81205180　81206809
印　　刷 陕西思维印务有限公司
规　　格 787mm×1092mm　16开本
印　　张 2
字　　数 20千字
版　　次 2019年6月第1版
2019年6月第1次印刷
书　　号 ISBN 978-7-5369-7564-4
定　　价 25.00元

目 录

第一章

什么是3D打印？

我们来想象一下，披萨、扳手、电吉他和我们的耳朵能有什么交集呢？那就是，它们都能被3D打印机制作出来！

你可能觉得这太难以置信了，但是我们了不起的科学家和工程师们确实能够利用3D打印制作出人体器官！

许多3D打印机都有生成真实3D物体的制造平台。

神奇的3D打印机打印出来的对象，可不只是在纸上打印一个正方形那么简单哦。正方形只有长和宽两个维度，而3D打印机打印出来的是一个立体的、有三个维度的正方形盒子。这个盒子不仅有长度和宽度，还有深度，可以被实实在在地握在手中。

设计各种你想要的东西！

不同的3D打印机可以打印出不同的对象。有的可以打印出吃的东西，有的可以打印出时尚物品或艺术品，如花瓶和珠宝等，还有的能打印出人体细胞。大型3D打印机甚至可以造房子！

这些形形色色的东西究竟是如何被制造出来的呢？它们都是以数字模型为基础。工程师利用计算机程序设计他们想要的东西，而这个设计就成为打印机的指令，最后打印机会按照指令将我们想要的东西打印出来。

这些都是用3D打印机打印出来的。

科学现实还是科学幻想？

我们的宇航员很快就能吃上3D打印的披萨啦！

不要怀疑，这就是现实！

美国国家航空和宇宙航行局（NASA）已资助德州创业公司宾海克斯（BeeHex）开发研制出可以制作披萨的3D打印机，宇航员们就有望在太阳系中的其他星球使用这种炫酷的技术啦。这种打印机很有可能被美国宇航局用于即将到来的2030年某一次登陆火星计划。

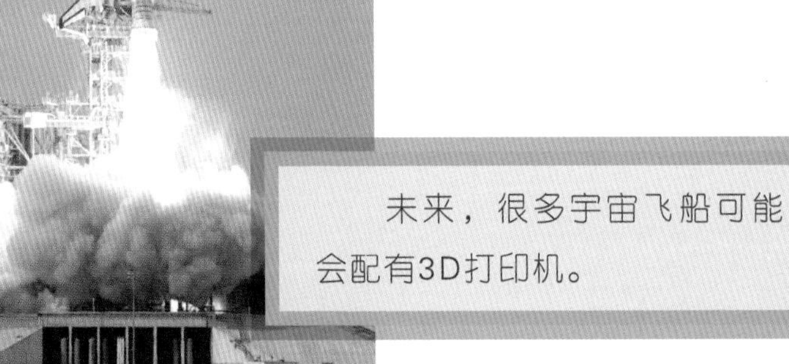

未来，很多宇宙飞船可能会配有3D打印机。

这个手部模型从手腕到指尖正在被逐层打印成型。

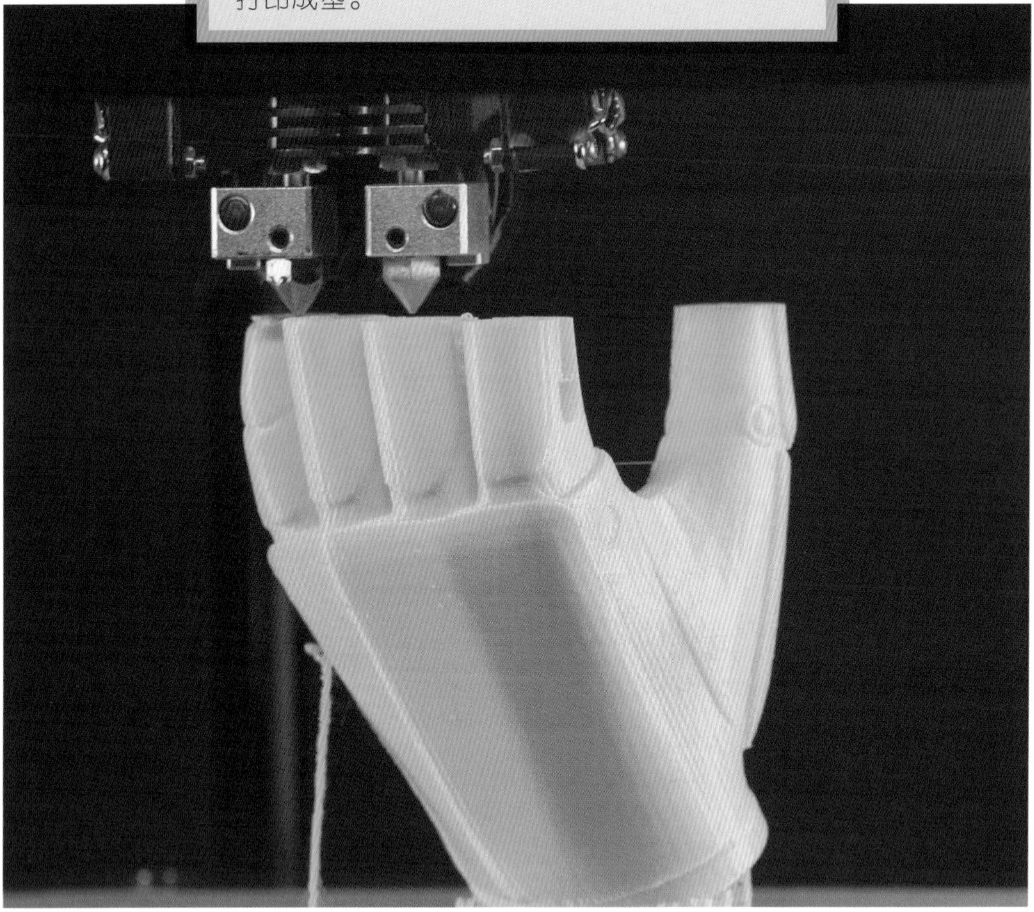

逐层打印

和一般打印机一样，3D打印机利用原材料，比如制作糖果的原料，当作“墨水”，在制作平台上将这些“打印材料”一层层叠加起来，逐层打印，再将每层黏合起来，我们要打印的实物就被制造出来啦。

就这么几分钟、几小时，不用去商店购买，你想要的东西就可以拿在手里啦。这项神奇的技术正在改变着人们创造物品的方式。

大部分3D打印机一次只能打印一种颜色，也有一些是可以混色打印的。

第二章

3D打印机是如何工作的?

自1980年，3D打印技术被查尔斯·赫尔（Charles Hull）工程师研发出来以后，已经发生了很大变化。在此之前，赫尔工程师制造出新的机器零件模型（也称样机）后，工人们需要测试这些模型是否能够在机器中正常工作。然而制作样机需要花费好几周时间。赫尔想，如果能把塑料材料逐层打印出来制成模型，那就太完美了。于是，他做了这样一种既高效又省钱的神奇机器——3D打印机。

3D打印机只需短短几分钟，就可以打印出某些物品。

在打印过程中，一些原材料会使打印机变脏或者堵塞，但别担心，大多数厂商会提供清洁说明。

在起初的20年里，只有工业公司使用3D打印机打印样机或机器零件。而如今，几乎所有人都可以使用3D打印机啦！不管是个人还是工业生产，3D打印都可以从一个想法和一台电脑开始，逐步使需求变为现实。

设计模型

我们通过计算机辅助设计(CAD)建立模型，绘制出我们想要打印对象的线条和形状。神奇的计算机可以非常精确且全面地绘制出这个模型，它能够让使用者从顶部、底部、两侧等不同角度看到要打印的模型设计。如果有需要，也能快速地改动设计，非常方便！设计完成以后，我们就可以进入下一步啦！

这幅由计算机绘制的图像将成为3D打印的模型，设计师可以看到打印对象的各个角度。

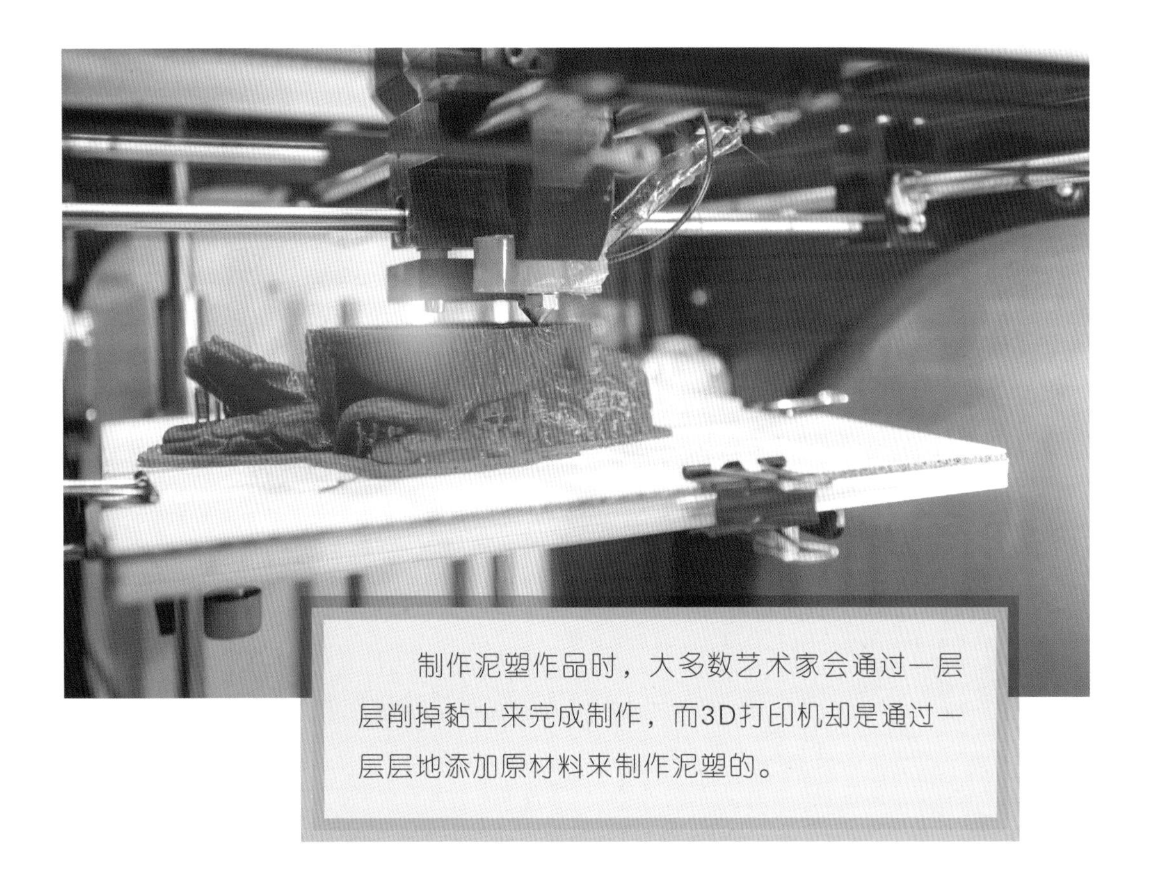

制作泥塑作品时，大多数艺术家会通过一层层削掉黏土来完成制作，而3D打印机却是通过一层层地添加原材料来制作泥塑的。

切片处理

我们知道，3D打印机是将一片片的薄层逐层打印出来的，因此它需要制作每层形状的具体指令。然而CAD设计的是一个整体模型，为了使打印机能够有具体的操作指令，设计师需要运用计算机辅助制造软件（CAM），将原本的模型设计细分为成百上千层，这样就能指导打印机的打印头应该移动到哪里，以及在哪里放置原材料等。制造软件甚至还会告诉你放原料的时间。就是这么奇妙！

聚焦编码

上面介绍的CAM软件，是将设计转化成代码或一系列指令供打印机使用，每一行几何图形码会指示打印机按照指定的方式工作。例如，几何图形码G1 X6 Y3 Z4可以指示打印机以直线的方式移动到3D网格的某一固定点。不仅如此，几何图形代码还能指示打印机如何移动、什么时间移动打印头、需要投放多少原材料，以及以多快的速度投放等。

实物打印

接下来，打印头释放出原材料，打印机就开始制作实物啦。不同类型的3D打印机，其运作方式也不同：一些打印机是将粉末和液体黏合在一起，也有的是将熔化的材料熔铸成指定的形状。而塑料是最常见的打印原料。

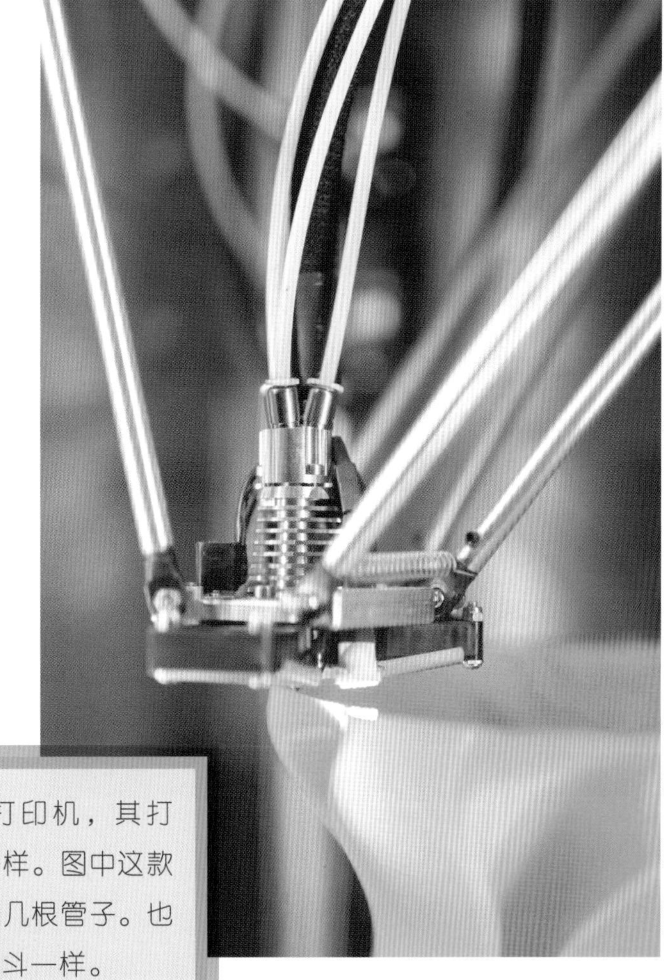

不同类型的打印机，其打印头的外观也不一样。图中这款是一个平板附带着几根管子。也有的打印头像个漏斗一样。

打印头在制作平台上下来回移动，每打印完一层后，再打印下一层，最终使我们要打印的东西逐步成形。我们可以触摸它、使用它，甚至可以吃它。

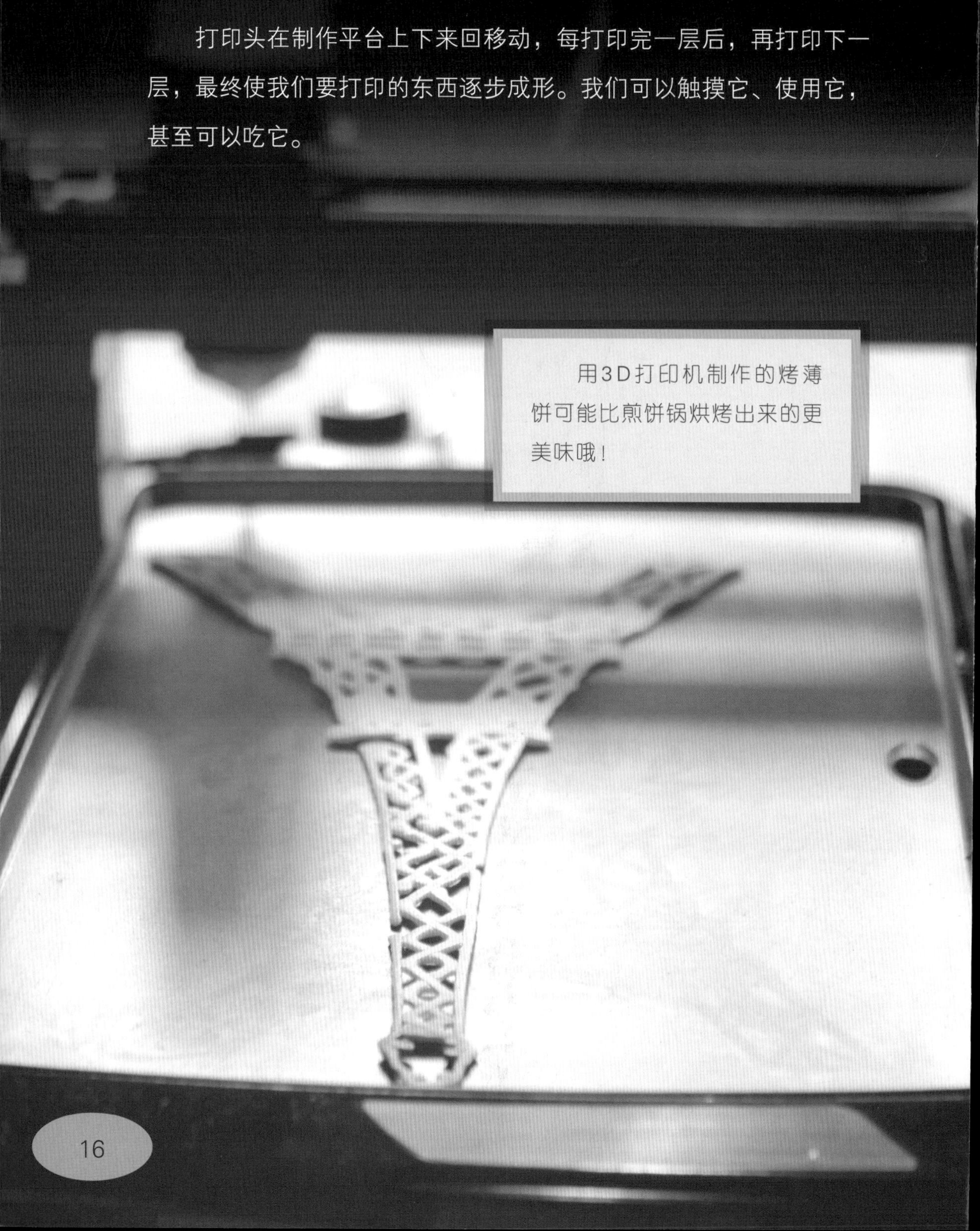

用3D打印机制作的烤薄饼可能比煎饼锅烘烤出来的更美味哦！

第三章

打印对象

对于工程师和设计师来说，3D打印确实是一种既快捷又省钱的方式。如果他们只需要一个模型，那么打印一个模型就行了。因此，3D打印技术比传统制造方式更为省时。更棒的是，3D打印只用它们需要的原料，不会造成原料的浪费。如今，一些公司不光利用3D打印机制造样机模型，也使用3D打印制造终端产品。

世界上第一台3D打印的发动机。

快速轻型机器

让我们把关注点聚焦到3D打印在一级方程式赛车中的运用上来吧！如果想给赛车提速，就应该让它们变得能多轻就多轻，因为多余的重量很有可能会导致输掉比赛！这就是为什么迈凯伦FI车队要使用3D打印的刹车零件，以及为什么其追踪更为精确。3D打印机用碳和轻金属作为材料，来打印这些零件。

一部装配有3D打印改善组件的迈凯伦MCL32赛车在比赛现场。

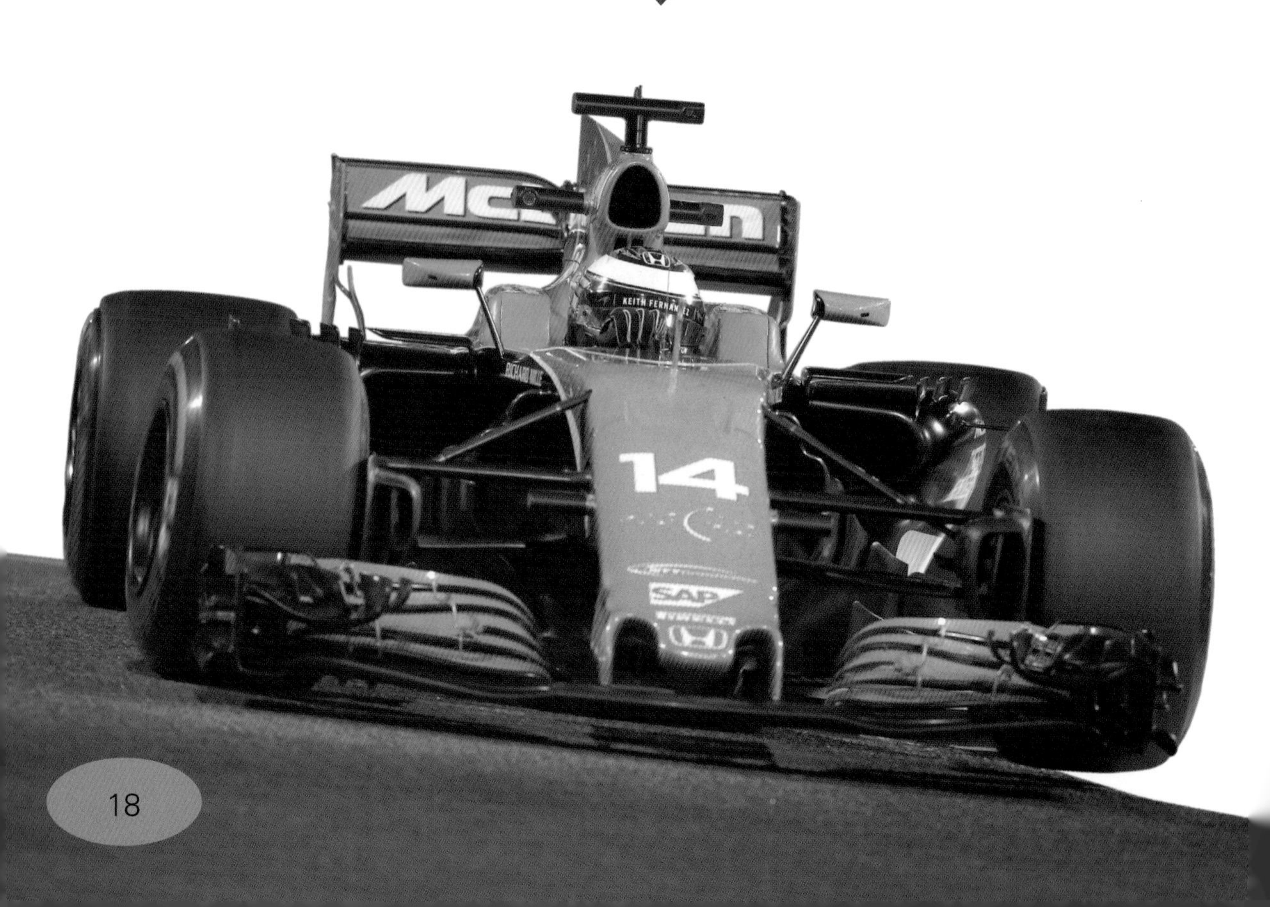

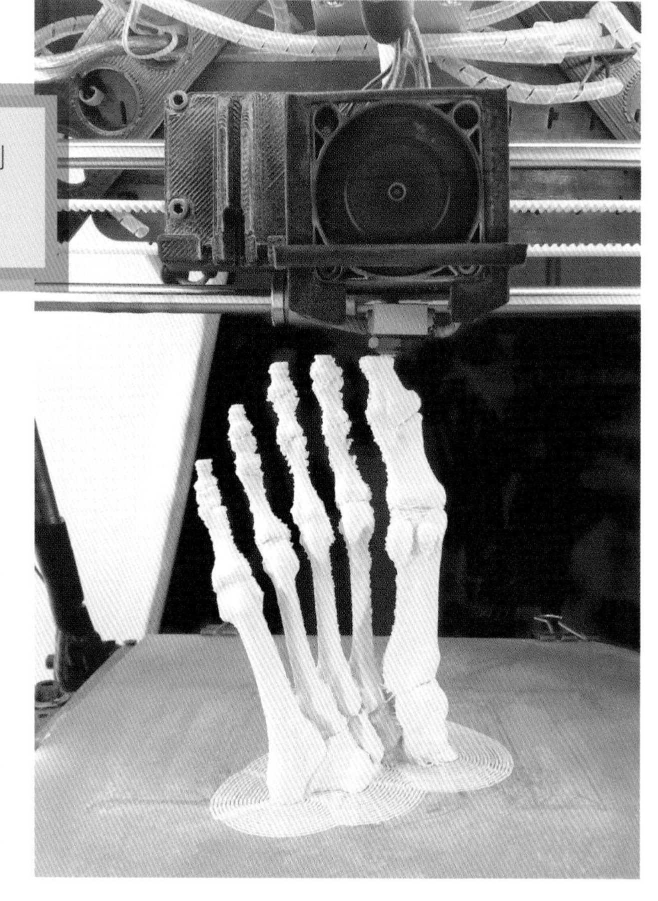

这台打印机正在制作人的脚部骨骼模型。

我们的身体与3D打印

我们现在把画面切换到手术台上。在那里，专业的外科医生团队已经费时数月：他们在准备一个艰难且复杂的手术——将连体双胞胎贾顿和阿尼亚斯的头分开。这对可怜的宝宝自出生以来，头部的骨骼、皮肤以及静脉就紧紧相连。最终，医生们通过研究3D打印出来的宝宝头部模型，成功地为他们做了分颅手术，使他们健康地活了下来。神奇的3D打印机可以制作出身体的各个部分，不仅可以制作双胞胎的头部模型，还可以制作出骨骼，以及我们身体的各种器官。

3D打印正在发挥作用！

我们的专家已经利用3D打印技术来制作人的耳朵啦！他们先用塑料打印出耳朵的外观，然后注入人类干细胞，随着塑料材质逐渐溶解，干细胞生长形成软骨。这样，耳朵就被“种”出来了！专家们研究3D打印的耳朵，不仅可以在一定程度上帮助耳朵受伤的患者，还能帮助患有小耳症的儿童拥有一对新耳朵。

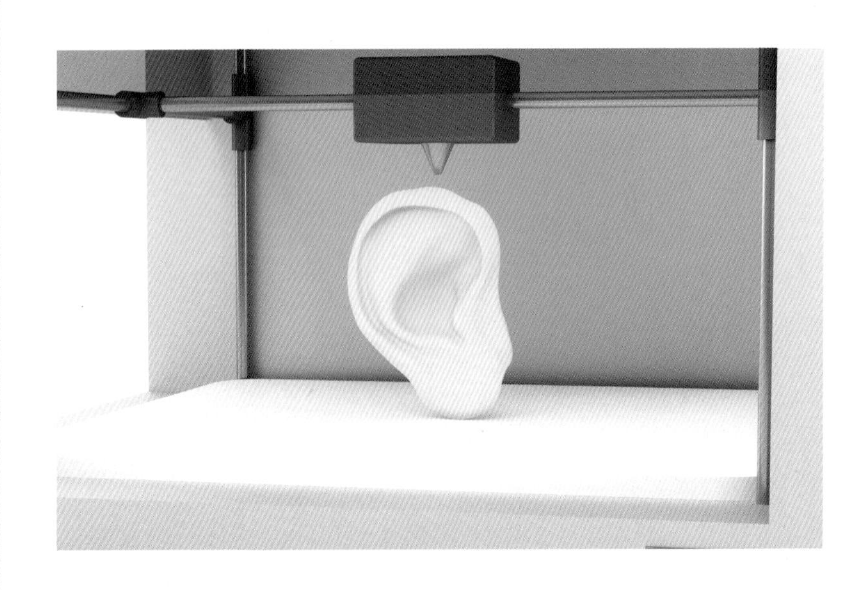

3D打印量身定制

想象一下，你正在学校学习中世纪历史，老师正在给大家讲投石机：给这种战争武器装上石头，就可以将石头投进敌人的城墙内，造成巨大破坏。如果这时让你设计一个投石机，你就可以利用CAD软件在电脑上建立模型，然后用3D打印机打印出来。

现在，无论是在家里还是在学校，只要拥有一台3D打印机，每个人都可以打印出想要的东西，比如珠宝、雕塑，以及各种工具，甚至更多。就是这么神奇！

2016年，在意大利召开的技术大会上展出了3D打印的桌子和灯。

第四章

3D打印，无限可能

3D打印的未来充满各种可能性！它很可能在很大程度上影响和改变许多行业。或许一些大量生产的产品还需依赖传统制造业，然而对于小批量生产的工厂来说，3D打印似乎才是最佳选择。随着技术的飞速发展，越来越多的产品都可以被打印出来！

图中这类运动鞋大多是由世界各地的大型工厂生产出来的。

这是由德国一家高科技工厂——极速工厂生产的AM4LDN跑步鞋。

来看看未来工厂

想象一下这样的场景：没有大型机器，也没有噪声，只有一排3D打印机发出的嗡嗡声在空气中萦绕。如果你在阿迪达斯位于德国安斯巴赫市的新型工厂——极速工厂，你会看到工厂里的3D打印机和机器人正在快速地制作鞋子。不仅如此，它还能方便快捷地变换设计，再通过3D打印机打印出来。要不了多久，消费者就能订购自己的专属鞋。

福特汽车公司正在尝试使用3D打印技术制造汽车零件。比如其野马汽车的车尾扰流板，就是由3D打印制作完成的。

现在，汽车制造商也在将3D打印技术引入工厂，为消费者制造定制款汽车，这将是制造汽车零件最快且最便捷的方法。福特汽车已经在尝试用3D打印技术制造较大的汽车零件，以及少量的其他零件和定制品。

进入太空

接下来想象一下，如果宇航员们要在月球上停留一段时间，他们就需要建立一个基地。这个基地当然不是徒手就能建成的，而如果通过3D打印机打印出基地结构，再用月球上的尘土覆盖形成穹顶，就很完美了！这就是欧洲航天局希望做成的事。这并不是幻想，但利用3D打印机建立月球基地可能还需很长的路要走。

欧洲航天局与建筑师们正在尝试利用3D打印机在月球上造房子。

国际空间站的宇航员们已经在利用3D打印机制造工具和零件了。新打印机可以为住在空间站里的宇航员轻松修理故障机器。还有两款更厉害的打印机，它们不仅能打印东西，还能回收旧东西。要知道，从地球运送材料到空间站需要很长的时间，因此，回收旧材料再利用可帮了他们不少忙。

国际空间站基博实验室的宇航员们在使用3D打印的工具和零件，进行航天医学、生物学、生物科技等方面的实验。

这块3D打印的某节椎骨，在2015年被成功植入一位患者体内。

新器官

如果你病得很严重，需要更换新器官，该怎么办呢？你无须再等待几个月，只需3D打印一个器官就可以啦!这就是所谓的生物打印。科学家们正在攻克打印身体器官的一些难题，要知道大多数身体器官构造比较复杂，现阶段只能打印出构造相对简单的器官，如膀胱等。希望在未来的某一天，我们能打印出像肾脏和心脏这些构造复杂的器官。

神奇的3D打印还能制造出什么呢？科学家和工程师们正在努力研发。从披萨到月球上的穹顶，3D打印拥有无限潜力！

想要定制属于自己的电吉他吗？虽然不便宜，但是发烧友们正在通过3D打印机，使拥有自己专属的个性化吉他之梦成为现实！

科学现实还是科学幻想？

人们可以坐在3D打印的飞机里。

当然这还没有实现，但那一天可能很快就会到来！

飞机制造商已经在使用3D打印技术制造飞机零件了。而且，他们已经利用3D打印机制造出了小型无人驾驶飞机，飞机里几乎所有的零件都是3D打印出来的，再将它们组装起来即可。希望在不远的将来，能打印出完整的大型客机。

未来，或许飞机的所有零件都是3D打印出来的。

术语表

生物打印：使用3D打印机打印由人体细胞组成的“生物墨水”，从而制造出真正的活体组织。

软骨：一种附着或链接性骨骼，强韧且有弹性。人耳或一些软骨类动物都是由软骨组成的。

规模（dimensions）：物体的测量值或尺寸大小。

中世纪（middle ages）：欧洲自公元500～1500年间被称为中世纪。

样机（prototype）:新发明的用来测试设计合理性、正确性或生产可行性的机器。

干细胞（stem cell）:一种可以产生高度分化的功能细胞。

相关图书及网站推荐

推荐图书

1.瓦莱莉·波登著，《3D打印机》，美国明尼阿波里斯市：棋盘图书馆出版，2017。

这本书将带领小读者们更深入地探寻科技对3D打印的启发和激励，以及近年来这项技术的变革和创新。

2.莱斯勒·T.J著，《它们是如何工作的：从内到外，探索魔术蜡烛、3D打印机和企鹅式推进器背后，以及这之间一切的科学秘密》，华盛顿特区：美国少儿国家地理出版，2017。

除了在学校学习的关于3D打印机的知识之外，读读这本书吧！你可以了解更多它的内部工作原理，以及其他一些有趣的发明。

3.马特·特纳著，《天才工程发明：从梨到3D打印》，美国明尼阿波里斯市：饥饿的番茄出版，2018。

来看看这本关于发明历史的有趣绘本吧！

推荐网站

1.《豆子》杂志网：《什么是3D打印？》

网址：https://www.kidscodecs.com/what-is-3d-printing/.

来学习更多关于3D打印技术是如何工作的吧！

2. 3D涂鸦. https://www.doodle3d.com.

这款应用程序可以将你的平面设计图转换成3D设计图。

3. Tinkercad. https://www.tinkercad.com.

快来试试这款能够帮助你轻松设计自己的作品，并对其进行3D打印的设计网站吧！

索引

图片版权声明